ale de France -



che, les utilisateurs de la
t priés de signaler au
èque nationale de France,
t, les études qu'ils
ieraient à l'aide de ce

de Montgolfier, un élément nouveau, l'hydrogène, venait d'être découvert et isolé par Cavendish. Frappés de l'extraordinaire légèreté de ce gaz, plusieurs physiciens éminents avaient essayé d'utiliser cette propriété pour élever dans l'air de petits appareils.

Mais ces tentatives avaient échoué, et un obstacle misérable en apparence avait arrêté les efforts des physiciens, qui n'avaient pu trouver aucune enveloppe à la fois assez légère et assez imperméable pour retenir l'hydrogène et s'élever avec lui au sein de l'atmosphère (¹). »

C'est encore dans notre pays que la découverte de Montgolfier devait se compléter par celle du ballon à gaz. Pour réussir, il suffisait de faire grand ; il fallait sortir du laboratoire et construire des appareils assez volumineux pour que le poids de leur enveloppe devînt négligeable par rapport à la force d'ascension du gaz qu'elles renfermaient.

Eut-on jamais pensé à construire de grandes sphères à gaz sans Montgolfier et ses grands ballons à air chaud, il est permis de le croire ; mais ce qui est certain c'est que les premiers constructeurs de ballons à hydrogène, Faujas de Saint-Fond et le physicien Charles, ne s'occupèrent de cette question qu'en raison du succès de l'appareil de Montgolfier dont l'aérostat à gaz hydrogène n'est qu'un perfectionnement.

C'est donc à Joseph Montgolfier et à son frère Étienne qu'il faut rapporter toute la gloire de l'invention des aérostats, et c'est à notre pays que revient l'honneur d'avoir donné à l'humanité un champ d'activité nouveau, d'avoir, comme on l'a dit, fait la conquête de l'air, conquête sublime qui se complètera peu à peu et qui est

(¹) A Londres, T. Cavallo avait échoué dans des tentatives de ce genre et n'avait réussi à élever dans l'air que des bulles de savon pleines d'hydrogène.

tint aucun compte, et il fallut les insuccès répétés des tentatives qui ont suivi l'apparition des ballons pour que l'on comprît enfin les difficultés du problème.

On douta donc bientôt, plus tard on nia tout à fait, et jusqu'en ces dernières années, la direction des aérostats fut réputée impossible et rangée dans le casier des utopies, à côté de la pierre philosophale, de la recherche du mouvement perpétuel et de la quadrature du cercle.

S'occuper de diriger les ballons fut presque un déshonneur, et si quelques croyants songeaient encore à la conquête de l'air, ils n'osaient plus avouer publiquement leur folie.

Les brillantes et stériles expériences de Giffard, en 1852 et en 1855, ne firent qu'accentuer le discrédit dont les inventeurs de ballons dirigeables furent les victimes.

La patriotique tentative de Dupuy de Lôme pendant la guerre de 1870 ne reçut pas du public un meilleur accueil, et l'insuccès apparent de son essai de 1872 sembla compromettre à jamais l'avenir de la navigation aérienne.

On se disait en effet : « Là où a échoué Dupuy de Lôme, l'éminent ingénieur qui sut transformer nos flottes et réaliser une véritable révolution dans la navigation à vapeur, qui pourrait se flatter de réussir? » Et cette objection en apparence irréfutable, nous avons eu nous-même à la combattre.

« Pensez-vous donc faire mieux que Dupuy de Lôme? nous disait-on. Vous croyez-vous plus fort que Dupuy de Lôme ? »

Non certes, répondions-nous, mais nous sommes venus après lui et, tout en profitant de ses admirables travaux, nous pourrons les surpasser, car nous avons eu pour nous le temps, cet auxiliaire inconscient du chercheur.

### I. — La bouée aérienne. Son instabilité.

On a souvent comparé à une bouée le ballon ordinaire tel qu'il est sorti des mains des Montgolfier et des Charles. La comparaison est juste jusqu'à un certain point. Cependant elle est plutôt injurieuse pour la bouée que pour le ballon, ainsi que nous allons essayer de le montrer.

Une bouée est un corps flottant, mais un corps sans âme qui suit aveuglément les caprices du moindre courant ; il en est de même du ballon ordinaire, mais là s'arrête l'analogie.

Tandis que la bouée, si elle est soigneusement construite, peut flotter sur l'eau à peu près indéfiniment, l'aérostat ne peut se maintenir et flotter dans l'air que grâce à l'intervention continuelle de l'aéronaute.

Si donc l'aérostat peut être comparé à une bouée, c'est à une bouée instable nageant entre deux eaux et que la moindre cause accidentelle fait monter ou descendre. Pour transformer la bouée aérienne en navire aérien, ne faut-il pas, avant tout, lui donner la stabilité qui lui manque !

Oui, sans doute, mais à l'époque de l'invention des ballons ce problème était pratiquement insoluble, ainsi qu'on le verra quand nous aurons expliqué les causes de leur instabilité.

Considérons, pour cela, une bouée, mais supposons qu'au lieu d'être assez légère pour flotter à la surface de l'eau, elle soit lestée de façon à présenter exactement la densité de ce fluide.

Dans ces conditions, plaçons-la au sein de la mer, entre deux eaux, à une certaine distance de la surface du liquide ; si les choses restent exactement dans l'état

l'océan aérien qu'au moyen d'appareils entièrement immergés, le navire sous-marin navigue *entre deux eaux*, le navire aérien navigue *entre deux airs*, et l'instabilité du ballon est analogue à celle des bateaux plongeurs.

Cependant, dira-t-on, l'air n'est pas un fluide incompressible comme l'eau et sa densité diminue à mesure qu'on s'élève, une bouée aérienne déplace donc un poids d'air d'autant moindre qu'elle s'élève davantage, et quelle que soit sa force d'ascension initiale, cette force diminuera jusqu'à devenir nulle à une certaine hauteur à laquelle notre bouée s'arrêtera. Il en sera de même si un alourdissement accidentel vient à se produire, la bouée aérienne descendra d'abord et, rencontrant des couches d'air de plus en plus denses, s'allégera peu à peu jusqu'au moment où elle se trouvera de nouveau en équilibre.

Ce raisonnement paraît sans réplique et il le serait en effet, si l'on pouvait construire les ballons en tôle d'acier et les fermer hermétiquement, de manière à rendre leur volume invariable à toutes les hauteurs. Malheureusement il n'en est pas ainsi, les enveloppes des ballons doivent être librement ouvertes à leur partie inférieure. Si l'on ne prenait cette précaution, l'aérostat, en s'élevant dans l'air et en pénétrant ainsi dans des couches de plus en plus raréfiées, ne tarderait pas à se déchirer sous l'effort de la pression intérieure du gaz qui y est enfermé (').

Le ballon à poids et à volume constant qui serait parfaitement stable, n'est donc pas réalisable. Il faut se re-

---

(') Un ballon en soie Ponghée de 10ᵐ de diamètre complètement rempli et fermé au niveau de la mer éclaterait à 400ᵐ ou 500ᵐ d'altitude, et il suffit d'un allègement de 30ᵏˢ à 35ᵏˢ pour le porter à cette hauteur.

aérien un appareil qui est toujours prêt à osciller comme une balance folle (¹).

Mais dira-t-on, si ce raisonnement est exact, un ballon un peu plus léger que l'air au moment du départ va donc s'élever sans cesse et monter jusqu'aux astres. Je vais me hâter de vous rassurer, car qui voudrait s'embarquer jamais dans un aérostat avec cette perspective d'une excursion indéfinie dans les espaces interplanétaires? Non, le ballon s'arrêtera, car notre raisonnement suppose que le gaz ne remplit pas entièrement son enveloppe; or, comme il se dilate sans cesse pendant l'ascension, il arrivera bientôt un moment où l'enveloppe cessera d'être flasque et où l'hydrogène s'échappera librement

(¹) On peut expliquer autrement l'instabilité des ballons flasques.

Plaçons au niveau de la mer 1$^{mc}$ d'hydrogène commun dans un ballon de plusieurs mètres cubes de capacité et faisons abstraction du poids de l'enveloppe.

Le poids de ce mètre cube d'hydrogène est égal à 200$^{gr}$, le poids du mètre cube d'air à 1300$^{gr}$, la différence 1100$^{gr}$ est la force ascensionnelle au niveau de la mer du mètre cube d'hydrogène, c'est aussi celle de notre ballon.

Transportons-nous maintenant à 5500$^{m}$ de hauteur, c'est-à-dire dans une zône où la pression atmosphérique est réduite de moitié.

En vertu de la loi de Mariotte :

1° Notre hydrogène aura double de volume et nous en aurons 2$^{mc}$ au lieu d'un;

2° Le poids spécifique de l'air sera réduit à la moitié de sa valeur, soit à..................................... 650$^{gr}$

Le poids spécifique de l'hydrogène sera réduit à........ 100

et la force ascensionnelle spécifique à................... 550$^{gr}$
c'est à-dire à la moitié de sa valeur au niveau de la mer.

Nous avons ainsi un volume de gaz double, mais dont chaque mètre cube enlève deux fois moins, donc la force ascensionnelle totale est restée la même. Il est facile de voir que ce raisonnement s'applique à toutes les hauteurs, pourvu que le ballon soit flasque et que le gaz puisse se dilater ou se contracter librement dans son enveloppe.

pondent ces réductions dans la pression de l'air. Nous résumons ces résultats dans un tableau fort simple, dans lequel on voit aussi les poids dont il faudrait alléger un ballon plein de 1000$^{mc}$ pour l'élever à diverses altitudes.

| POIDS de lest jeté. | PRESSION de l'air en prenant pour unité la pression au niveau de la mer. | HAUTEUR correspondante. | OBSERVATIONS. |
|---|---|---|---|
| 0$^{mc}$ | 1,0 | 0$^m$ | La 3$^e$ colonne indique les hauteurs atteintes par un aérostat de 1000$^{mc}$ rempli d'hydrogène industriel quand on le déleste des poids portés dans la première colonne. Il s'agit ici de hauteurs moyennes données à 50$^m$ près, elles varient avec les circonstances atmosphériques. |
| 110 | 0,9 | 800 | |
| 220 | 0,8 | 1800 | |
| 330 | 0,7 | 2900 | |
| 440 | 0,6 | 4100 | |
| 550 | 0,5 | 5500 | |
| 660 | 0,4 | 7300 | |
| 770 | 0,3 | 9600 | |
| 880 | 0,2 | 12 800 | |
| 990 | 0,1 | 18 300 | |
| 1100 | 0,0 | Infinie. | |

Ce tableau nous montre qu'un ballon *plein* s'élève d'autant plus haut qu'on le déleste davantage. La hauteur qu'il atteint ainsi se nomme sa zone d'équilibre. Entre cette zone d'équilibre et la terre, il est nécessairement *flasque*, et par conséquent instable, le moindre alourdissement le ramène à terre, le moindre allègement le ramène à sa zone d'équilibre. Or ces alourdissements et ces allègements sont continuels pendant les voyages aériens; l'intensité du rayonnement solaire, la nature du sol, l'humidité, la pluie, la neige, les fuites de gaz inévitables, et bien d'autres causes qu'il serait trop long d'énumérer modifient à chaque instant le délicat équilibre du navire aérien, qui ne peut être maintenu à une hauteur à peu près constante que par l'intervention continuelle de l'aéronaute.

Mais les moyens dont dispose celui-ci sont encore des

### II. — Le navire aérien dans l'air calme.
### Ses ennemis du dedans.

Jusqu'ici nous n'avons considéré le ballon que comme un flotteur, et nous n'avons pas eu à nous occuper de sa forme. Maintenant il ne s'agit plus de la bouée sphérique que tout le monde connaît, mais d'*un navire aérien*, c'est-à-dire d'un appareil pourvu d'un moteur et d'un propulseur qui sera, si vous le voulez, une hélice ou des rames.

Mais, pour bien comprendre le fonctionnement de l'appareil, nous allons, procédant du simple au composé, supposer que l'air est complètement immobile au-dessus du sol, ce qu'on exprime en langage ordinaire en disant qu'il n'y a pas de vent.

Dans cet océan aérien ainsi figé, installons un ballon sphérique en équilibre parfait, plaçons y un rameur vigoureux armé de deux légers avirons en forme de raquettes. Avec un peu d'habitude, on peut concevoir que notre rameur saura ramener en avant ses raquettes en les présentant par la tranche de façon à ne pas détruire au retour l'effet produit pendant l'aller.

C'est d'ailleurs ce que fait un rameur dans un canot.

Il se produira dans l'air exactement ce qui se produit dans l'eau, et le ballon, malgré sa forme ronde, obéira dans une certaine mesure à l'effort des rames.

Mais on conçoit qu'il y obéirait bien mieux s'il affectait la forme allongée d'un bateau ou d'un poisson.

Il serait aussi absurde d'appliquer sa force à un ballon sphérique que de mettre un moteur à vapeur dans un baquet. De là l'idée très naturelle, pour mieux utiliser la force de notre rameur, de l'installer dans un aérostat

cela développer une force motrice plus énergique, toutes proportions gardées, que dans un bateau de même déplacement.

Quoi qu'il en soit, la vitesse de 13 nœuds est une vitesse dont les marins se sont fort bien contentés pendant longtemps, et on peut dire que dès à présent le grand problème serait résolu, si notre hypothèse était conforme à la réalité, c'est-à-dire si l'air était immobile au-dessus du sol.

Malheureusement, il n'en est rien, et nous verrons plus loin que c'est là que gît la grande difficulté du problème ; mais avant de parler de l'influence du vent, cet ennemi du dehors, nous devons faire connaître un ennemi du dedans, ennemi si redoutable pour les ballons dirigeables qu'il a failli causer la mort de Henri Giffard en 1855.

Cet ennemi n'est autre chose que l'*instabilité longitudinale* des ballons allongés, et il ne s'agit plus ici de ce genre d'instabilité dont nous avons parlé plus haut et qui fait sans cesse monter ou descendre les aérostats, quelle que soit leur forme ; il s'agit d'un genre nouveau d'instabilité qui fait osciller les ballons allongés d'avant en arrière et leur donne de violents mouvements de tangage.

Nous donnerons à ce nouveau phénomène le nom d'*instabilité longitudinale*.

Pour nous en rendre compte, imaginons avec Dupuy de Lôme que le ballon ayant atteint sa zone d'équilibre redescende un peu plus bas, le gaz qu'il renferme sera contracté et l'aérostat deviendra flasque. Dès lors, si nous supposons qu'il s'incline un peu vers l'avant, le gaz, qui tend à s'élever le plus possible, se précipitera vers l'arrière et sa force agissant plus près de la pointe postérieure tendra à la relever davantage, ou, en d'autres termes, à exagérer l'inclinaison produite. Si, par un

solide ; en deuxième lieu, elle limite considérablement les déplacements possibles du.gaz dans le sens de la longueur du ballon et contribue ainsi efficacement à la stabilité.

Le second moyen employé par Dupuy de Lôme consiste dans l'emploi d'une suspension particulière, qui relie invariablement le ballon à la nacelle et dont je ne puis me dispenser de dire quelques mots :

Représentons le ballon par la ligne AB et par P, un point de la nacelle. Relions le point P aux points A et B par deux cordes PA et PB, le voilà suspendu au ballon. Supposons maintenant que notre aérostat s'incline comme l'indique la figure 2, le triangle APB restera inva-

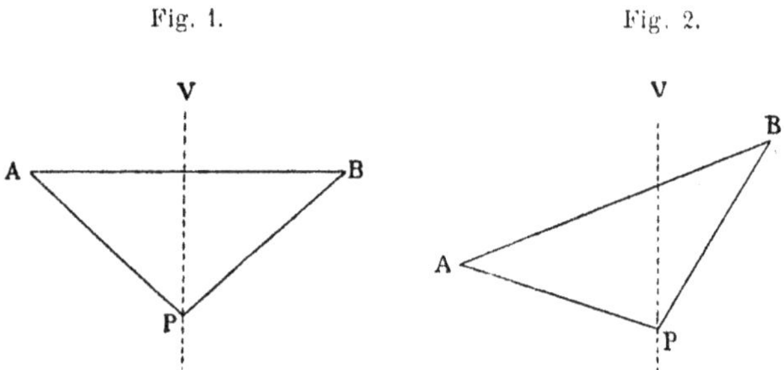


riable tant que la verticale PV du point P sera comprise dans l'angle APB ; cela est évident, car le point P ne peut se déplacer que pour obéir à la pesanteur, c'est-à-dire pour descendre, et il ne peut pas descendre sans tendre l'une ou l'autre des deux cordes ou toutes les deux à la fois. Voilà donc un mode de liaison qui tout en étant constitué par des cordages souples, possède la même rigidité entre certaines limites d'inclinaison, qu'une construction faite avec des barres de fer ou d'acier.

Nous possédons déjà des notions assez nettes sur les navires aériens en air calme; nous voyons que, pour transformer le ballon ordinaire en ballon dirigeable, il faut, abstraction faite de la *stabilité en altitude :*

1° Donner à l'aérostat une forme allongée analogue à celle des bateaux;

2° Assurer la permanence de sa forme au moyen d'un ballonnet intérieur permettant de remplacer le gaz absent par de l'air atmosphérique;

3° Compléter la stabilité longitudinale déjà améliorée par le ballonnet, en reliant la nacelle au ballon par une suspension rigide à réseaux triangulaires;

4° Installer un propulseur de dimensions convenables et le commander par un moteur aussi énergique que possible relativement au faible poids qu'on peut lui consacrer.

5° Placer à l'arrière, comme dans les bateaux, un gouvernail permettant de changer la direction de la route.

Tel est, dans toute sa simplicité, le problème de la navigation aérienne en air calme. On voit par l'exposé qui précède que, contrairement à l'opinion générale, il ne s'agit pas ici d'un secret particulier, d'un procédé mystérieux qu'il suffise d'appliquer un beau matin pour voir tout à coup la bouée aérienne se transformer en navire.

Non, il n'en est pas ainsi; les principes généraux de la navigation aérienne ne diffèrent pas de ceux de la navigation maritime à vapeur, et si la solution du problème est encore incomplète, si elle exige la création d'engins nouveaux, inconnus jusqu'ici à l'industrie, ce n'est pas à la nature particulière du milieu aérien qu'il faut l'attribuer, mais à une autre cause que nous ne

Qu'un ballon soit retenu à la terre par une ou plusieurs cordes, il ressent alors comme tout ce qui tient au sol, la *violence, la force du vent*, violence ou force qui rend l'emploi des ballons captifs souvent dangereux et presque toujours incommode.

Mais, que l'aérostat soit enfin délivré de ses liens, qu'il s'élève librement au sein de l'air, son élément naturel, en quelques instants tout s'apaise ; le calme le plus complet succède aux plus violentes secousses, l'aérostat emporté par l'ouragan semble plongé dans l'air calme, dans l'*océan figé* dont nous avons parlé plus haut. S'il était permis de fumer en ballon, la fumée d'une cigarette s'élèverait verticalement vers le ciel, pendant qu'à quelques centaines ou même quelques dizaines de mètres plus bas on verrait les arbres se courber sous l'effort de la tempête et sur la mer démontée les navires lutter péniblement contre les rafales. Cette vérité, que le raisonnement le plus simple fait comprendre facilement et que l'expérience de tous les voyages aériens démontre pour ainsi dire chaque jour, est le point de départ des notions qui vont suivre.

*Le vent n'existe pas pour l'aéronaute, parce qu'il appartient à l'air et non au sol.* Tout se passe donc pour le navire aérien, qu'il soit ou non dirigeable, comme si l'air était immobile. S'il est dirigeable, il pourra se déplacer dans cet air toujours calme dans tous les sens, comme si le vent n'existait pas ; les sensations que l'aéronaute éprouvera seront les mêmes qu'en air calme ; en avançant, il sentira *un vent* plus ou moins fort venant de l'avant et se dirigeant vers l'arrière du ballon, mais *ce vent* n'a aucun rapport avec celui qu'on observe à terre, il n'est que le résultat du déplacement du ballon dans l'air sous l'effort de son propulseur, et dès qu'on

Voilà ce qui se passera *dans l'air*, voyons maintenant comment nos ballons sont disposés sur le sol.

Celui-ci aura fui vers l'ouest avec une vitesse de 29$^{km}$ à l'heure, Paris qui était tout à l'heure sous la verticale de la flotte et du vaisseau amiral sera donc reporté à 29$^{km}$ à l'ouest de ce navire aérien immobile. Au-dessous de lui une région nouvelle s'étendra, c'est la Marne, c'est la petite ville de Lagny, c'est elle qui est pour le moment le centre mathématique du cercle dont nous avons parlé, et nos douze avisos aériens sont actuellement sur la circonférence de ce cercle, dont Lagny est le centre et dont le rayon est de 22$^{km}$. Ainsi donc, le vent d'ouest de 29$^{km}$ à l'heure n'a eu d'autre effet que de déplacer de 29$^{km}$ vers l'est, c'est-à-dire *sous le vent*, le cercle dont la circonférence est occupée par notre flottille et au centre de laquelle se tient toujours immobile le vaisseau amiral.

*Le vent ne change donc rien aux positions relatives des navires de la flotte aérienne, il les déplace tous en bloc dans sa direction.* Ce résultat si simple conduit à cet énoncé de la loi fondamentale des mouvements des ballons dirigeables par rapport au sol.

Pour *un ballon dirigeable, l'ensemble des points abordables*, ou si l'on veut *le lieu géométrique des points abordables au bout d'une heure, est une circonférence décrite d'un point situé sous le vent du point de départ à une distance de ce point égale à la vitesse du vent, le rayon de cette circonférence étant d'ailleurs égale à la vitesse du ballon dans l'air ou vitesse propre* (*fig.* 5).

Cette dernière vitesse est d'ailleurs indépendante de celle du vent, comme nous l'avons montré, elle ne dépend que de l'énergie du moteur, de la forme du ballon, de sa grandeur, en un mot, elle caractérise le ballon dirigeable

rayon serait devenu $2v$. On en conclut facilement que les deux tangentes à la première circonférence sont aussi tangentes à la seconde, et qu'elles restent les limites infranchissables imposées à notre ballon au bout d'un temps quelconque. L'espace est donc partagé en deux régions, l'une abordable comprise entre les deux tangentes $PT_1$ et $PT_2$, et l'autre inabordable placée à l'inté-

Fig. 6.

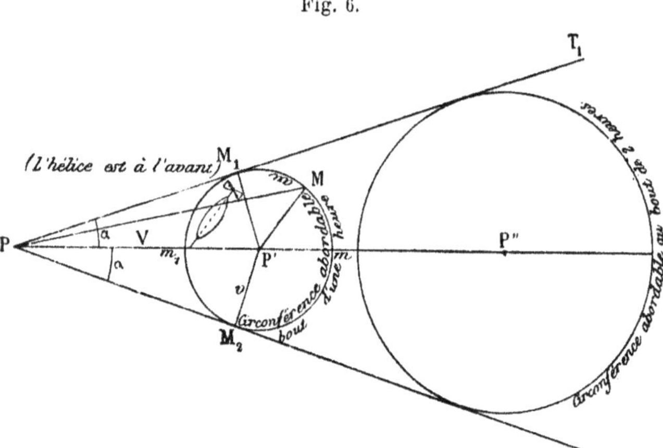


rieur de ces deux lignes. L'angle $T_1 P T_2$ s'appelle par cette raison *l'angle abordable*.

Pour aboutir en M sur la circonférence des points abordables au bout d'une heure, il a fallu diriger le navire parallèlement à la ligne P'M. P'M est donc la direction du ballon dans l'air ou direction du cap.

PM est la direction vraie sur le sol, cette ligne représente le chemin réel parcouru en une heure. On voit qu'il a pour valeur maxima $Pm$ égal à la somme des deux vitesses, et pour valeur minima $Pm_1$ égal à leur différence. Dans le premier cas, la direction du cap se confond avec celle du vent, elle lui est directement opposée dans le second. La *déviation maxima* est obtenue quand la ligne

cap, la déviation P'PM est la moitié de l'angle MP'X du cap avec le vent, l'angle du cap avec la route réelle a la même valeur, enfin la vitesse maxima est égale au double de celle du vent, et la vitesse minima est nulle.

Enfin si la vitesse propre $v$ est supérieure à la vitesse du vent V (*fig.* 8), le point de départ P est à l'intérieur de la circonférence abordable et le ballon peut atteindre tous les points de l'horizon.

Fig. 8.

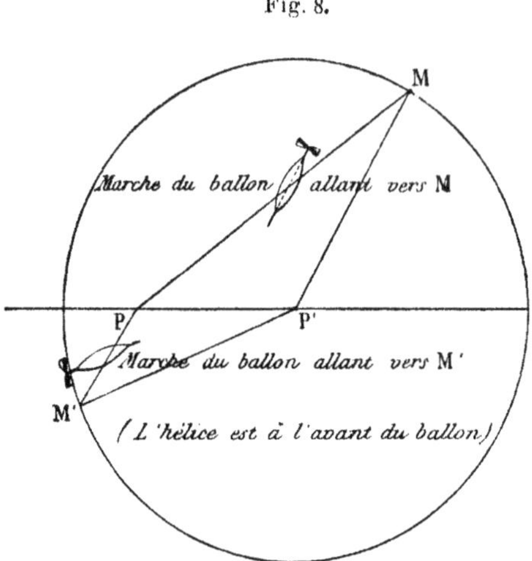


Si PM est la direction réelle à suivre, P'M sera comme toujours la direction du cap, la vitesse maxima sera atteinte quand cette direction se confondra avec celle du vent, elle sera égale à la somme des deux vitesses V et $v$. On obtiendra la vitesse minima en tournant le cap à l'opposé du vent, et cette vitesse sera égale à $v - V$, elle sera dirigée en sens inverse du courant aérien que le ballon pourra cette fois remonter.

Cette analyse géométrique fort simple fait justice de bien des erreurs dont la plus répandue est la suivante :

| VITESSE DU VENT | | PROBABILITÉ en millièmes d'avoir un vent d'une vitesse plus faible que les nombres inscrits dans les colonnes précédentes. | OBSERVATIONS. |
|---|---|---|---|
| en mètres par seconde. | en kilomètres à l'heure. | | |
| $2^m,50$ | $9^m$ | 109 | D'après la 3e colonne, la probabilité d'avoir un vent inférieur à $40^m$ par seconde, ou 144 kilomètres à l'heure est égale à 1000 millièmes. Cependant, exceptionnellement, on a observé des vents plus rapides. Sur 11049 heures d'observations, on a constaté une fois un vent de 162 kilomètres à l'heure, deux fois un vent de 153 kilomètres, et neuf fois un vent de 144 kilomètres ; ce sont des ouragans du sud-ouest, qui déracinent les arbres et endommagent les toitures. |
| 5 ,00 | 18 | 323 | |
| 7 ,50 | 27 | 543 | |
| 10 ,00 | 36 | 708 | |
| 12 ,50 | 45 | 815 | |
| 15 ,00 | 54 | 886 | |
| 17 ,50 | 63 | 937 | |
| 20 ,00 | 72 | 963 | |
| 22 ,50 | 81 | 978 | |
| 25 ,00 | 90 | 986 | |
| 27 ,50 | 99 | 991 | |
| 30 ,00 | 108 | 995 | |
| 32 ,50 | 117 | 996 | |
| 35 ,00 | 126 | 998 | |
| 37 ,50 | 135 | 999 | |
| 40 ,00 | 144 | 1000 | |
| 42 ,50 | 153 | 1000 | |
| 45 ,00 | 162 | 1000 | |

D'après ce tableau, un ballon dirigeable ayant une vitesse propre de $12^m,50$ par seconde, pourrait évoluer dans tous les sens 815 fois sur 1000 et il pourrait remonter le vent avec une vitesse de $2^m,50$ par seconde au minimum, 708 fois sur 1000.

Dans ces conditions, il rendrait évidemment de grands services et permettrait le libre transport par air dans la plupart des circonstances.

Prenant ceci comme une définition, nous pouvons énoncer le résultat suivant : La conquête de l'air sera chose pratiquement résolue le jour où l'on aura construit un ballon dirigeable ayant une vitesse propre de $12^m,50$ par seconde ($45^{km}$ à l'heure) et pouvant soutenir cette vitesse pendant toute une journée, c'est-à-dire pendant dix à douze heures.

*Ballon du général Meusnier* (¹). — La première et la plus remarquable est celle du général Meusnier.

Dès le lendemain de l'invention des ballons, Meusnier, alors simple lieutenant du génie, mais déjà membre de l'Académie des Sciences, fit une série de recherches sur les ballons et rédigea un projet de machine aérostatique dans lequel il expose avec une grande netteté les principes généraux de la navigation aérienne.

On ne pouvait songer à ce moment à d'autres moteurs que la force humaine, aussi le ballon de Meusnier est-il mu à bras d'hommes.

Sa forme générale est celle d'un ellipsoïde de révolution autour du grand axe de l'ellipse méridienne. Ce grand axe est d'ailleurs placé horizontalement. Cette forme ovoïde peu allongée (²) quoique préférable à la sphère est peu satisfaisante et elle offre bien plus de résistance que les formes aiguës ou en fuseau que nous verrons apparaître avec Giffard et qui paraissent devoir être définitivement adoptées.

Malgré cette imperfection, le projet de Meusnier est remarquable à plus d'un point de vue.

Il s'était préoccupé de maintenir au ballon une forme invariable et il espérait en outre pouvoir modifier la force ascensionnelle de son navire aérien en comprimant plus ou moins les fluides qui y étaient renfermés.

---

(¹) Meusnier était, au dire de Monge, son professeur « l'intelligence la plus extraordinaire qu'il eût jamais rencontrée. » A la suite de nombreux travaux sur l'aérostation naissante et sur d'autres sujets, il fut nommé membre de l'Académie des Sciences le 31 janvier 1784, à l'âge de vingt-neuf ans. M. le lieutenant de génie Létonné a rédigé sur le projet de ballon dirigeable de Meusnier une note très intéressante communiquée le 26 juillet 1886 à l'Académie par M. le colonel Perrier.

(²) Le ballon de Meusnier avait 260 pieds (84ᵐ,50) de longueur et 130 pieds (42ᵐ,25) de diamètre au milieu. Son volume était de 80,000ᵐᶜ.

travail n'en constitue pas moins un des plus remarquables et des plus rationnels qui aient été faits sur la matière. Son projet était d'ailleurs étudié dans le plus grand détail, et il nous a laissé un album et des mémoires du plus haut intérêt (¹).

*Les ballons dirigeables de Henri Giffard.* — Entre Meusnier dont le projet ne fut pas réalisé et Giffard qui eut l'audace de monter dans un aérostat allongé à vapeur, nous ne voyons aucune tentative qui mérite de fixer notre attention (²).

C'est en 1852 que l'ingénieux inventeur de l'*Injecteur* s'éleva pour la première fois dans les airs. Cette courageuse tentative ne réussit pas, mais on ne saurait s'en étonner beaucoup. Le fruit n'était pas mûr encore. Non seulement le moteur à vapeur du ballon de 1852 était insuffisant pour obtenir une vitesse démonstrative, mais le mode de suspension *non rigide* de la nacelle, l'absence d'un dispositif propre à assurer la *permanence de la forme de l'aérostat*, l'insuffisance du gouvernail étaient autant de causes, dont une seule aurait suffi pour faire échouer l'expérience ou pour la rendre dangereuse.

Giffard a, le premier, fait usage de ballons en forme de fuseaux terminés à leurs deux extrémités par une pointe aiguë.

Cette forme a été conservée par tous les successeurs de Giffard, et il ne paraît pas probable qu'on soit jamais conduit à l'abandonner.

Giffard fit une deuxième ascension en 1855, dans un

(¹) Voir la note déjà citée de M. le lieutenant Létonné.
(²) Giffard est surtout connu comme l'inventeur de l'injecteur d'alimentation qui porte son nom. Tout le monde connaît ce merveilleux appareil qui remplace les pompes alimentaires des chaudières à vapeur dans les locomotives et dans beaucoup d'autres machines.

nieur dans la construction des ballons dirigeables. Il n'avait pas eu le temps de s'occuper du moteur et avait dû se contenter de la force humaine, de là la faible vitesse obtenue (¹); mais il avait posé des principes dont il n'est pas permis de s'écarter et qui peuvent se résumer ainsi :

*Permanence de la forme; rigidité de la suspension; suppression des filets et leur remplacement par un dispositif laissant à l'aérostat une forme lisse favorable au glissement dans l'air.*

Mal installé dans le manège du *Fort-Neuf*, à Vincennes, obligé de partir par un mauvais temps, il ne put songer à lutter contre le vent, mais il exécuta quelques mesures de vitesse qui ont servi de base aux calculs établis par ses successeurs. Ces calculs n'ont pas été, il est vrai, exactement vérifiés par l'expérience dans ces derniers temps, mais il ne faut pas s'en étonner.

La question est si neuve et les mesures si peu nombreuses qu'une grande incertitude régnera longtemps encore sur les bases numériques du problème.

Le travail de Dupuy de Lôme n'en reste pas moins considérable, on peut même dire que son aérostat est le premier ballon dirigeable, rationnel, qui ait parcouru l'atmosphère. Les successeurs de l'éminent ingénieur puiseront à pleines mains dans les trésors de renseignements et de procédés ingénieux qu'il leur aura laissés; ils s'attacheront surtout à perfectionner les moteurs, à modifier certains organes accessoires, mais quoi qu'ils fassent, il y aura dans leur œuvre beaucoup de celle de Dupuy de Lôme.

-----

(¹) 2ᵐ,80 environ par seconde, d'après le Mémoire de M. Dupuy de Lôme.

c'est-à-dire aussi aigu à l'avant qu'à l'arrière, son acuité est un peu plus grande que celle du ballon de Dupuy de Lôme ; comme dans ce dernier aérostat, le filet est remplacé par une housse ou chemise de suspension.

La nacelle à base carrée est formée d'une cage en bambou et osier placée assez bas, ce qui assure la stabilité dans certaines limites, malgré l'absence de ballonnet. Cette suppression du ballonnet serait d'ailleurs très dangereuse dans les ballons plus allongés qu'on est conduit à employer pour augmenter la vitesse de marche.

Telle est, en résumé, l'œuvre de M. Tissandier qui a eu le mérite d'appliquer le premier l'électricité à la navigation aérienne.

*Le ballon dirigeable de Meudon.* — J'arrive aux expériences entreprises à Meudon pour le compte de l'État, et je serai malheureusement obligé de laisser dans l'ombre bien des points intéressants. Les personnes qui m'écoutent sauront apprécier les motifs de cette discrétion, motifs sur lesquels il est convenable de ne pas appuyer.

L'établissement aérostatique de Chalais (Meudon) chargé par le Ministre de la guerre d'étudier les aérostats au point de vue de leur application à l'art militaire, s'occupa dès 1878 de leur direction ([1]).

En 1880, le chef de cet établissement rédigea un premier projet actuellement déposé à l'Académie, projet qui fut modifié en 1881, époque à laquelle eut lieu l'expo-

([1]) Une première commission dite « des communications par voie aérienne » fut créée en 1874 pour étudier les ballons, la télégraphie optique, la poste aux pigeons et l'éclairage électrique des travaux de l'ennemi. Cette commission était présidée par M. le colonel du génie Laussedat, aujourd'hui directeur du Conservatoire des arts et métiers. C'est d'elle qu'est sorti l'établissement de Chalais maintenant détaché de l'ancienne commission et rattaché à l'état major-général.

Or nous estimions que, pour assurer le succès de notre expérience, il fallait plus que doubler les vitesses obtenues par nos devanciers. Toutes choses égales d'ailleurs, il nous fallait donc des moteurs environ huit fois plus légers.

Considérant d'autre part que les premiers aérostats dirigeables éprouvaient de la part de l'air une trop grande résistance, en raison de leur forme trop massive, nous résolûmes de construire un navire aérien très allongé afin de diminuer cette résistance et d'augmenter dans les limites du possible la vitesse propre.

Ainsi nous étions conduits à deux impossibilités apparentes : alléger les moteurs connus dans une très forte proportion, construire des ballons très allongés sans compromettre leur stabilité.

Enfin il fallait améliorer certaines dispositions accessoires et, notamment, assurer l'efficacité du gouvernail, en lui donnant une position plus rationnelle et des mouvements plus précis que dans les appareils antérieurs.

Nous allons examiner maintenant comment ont été résolus ces différents problèmes.

*Allègement des moteurs.* — Le moteur employé dans le ballon de Chalais est une machine électro-dynamique actionnée par une pile spéciale.

La machine employée en 1884 est due à mon collaborateur, le capitaine Krebs ; elle appartient au type général des machines *Gramme*, mais elle a été combinée de façon à réaliser la plus grande force possible sur le moindre poids.

En 1885, on a substitué à ce moteur une machine un peu plus robuste combinée par M. Gramme, qui a bien voulu se mettre complètement à notre disposition pour ces recherches délicates.

progrès réalisé, de comparer les constantes mécaniques de notre pile avec celles des accumulateurs dont on nous avait d'abord conseillé l'emploi et qui jouissaient alors d'une grande faveur. J'ai comparé aussi, dans le tableau suivant, ma pile avec celle de M. Tissandier et avec la force humaine employée par Dupuy de Lôme.

| | POIDS TOTAL. | FORCE MAXIMA en chevaux de 75ᵏˢ sur l'arbre. | DURÉE. | POIDS par cheval indépendamment de la durée (¹) | | POIDS par cheval et par heure (¹) | |
|---|---|---|---|---|---|---|---|
| | | | | réel | en prenant le poids de la pile Renard par unité. | réel | en prenant le poids de la pile Renard par unité. |
| PILE RENARD. | 400ᵏ | 9,00 | 1ʰ45ᵐ | 44ᵏˢ | 1,0 | 25ᵏˢ | 1,0 |
| ACCUMULATEURS (moyenne pratique des meilleurs appareils). | » | » | 4,00 | 300 | 6,7 | 75ᵏˢ | 3,0 |
| PILE TISSANDIER. | 225 | 1,33 | 2,30 | 170 | 3,8 | 68ᵏˢ | 2,7 |
| FORCE HUMAINE (les 8 hommes employés par Dupuy de Lôme.) | 600 | 0,65 | 3,00 | 900 | 20,3 | 300ᵏˢ | 12,0 |

Ainsi, en ne considérant que la force motrice sans se préoccuper de la durée d'action, la pile de Chalais est environ quatre fois plus légère que la pile de M. Tissandier, sept fois plus que les accumulateurs et vingt fois plus que la force humaine.

Si maintenant l'on tient compte de la durée d'action, et si l'on compare les poids des sources de force du tableau précédent, en les rapportant à une même quantité de travail total, qui sera si l'on veut celle d'un cheval

(¹) Il s'agit du travail réellement disponible par l'arbre de la machine.

diamètre et 50ᵐ,40 de longueur. Cette dernière dimension est donc égale à six fois la première. Pour éviter le renversement d'un semblable appareil, les procédés que nous avons indiqués et qui sont dus à Dupuy de Lôme, n'auraient pas suffi. Nous dûmes les compléter par des dispositifs spéciaux qu'il m'est impossible de faire connaître ici, mais dont l'efficacité absolue a été démontrée par le résultat de nos ascensions.

Il nous paraît intéressant de comparer entre eux, au point de vue de l'allongement, les principaux ballons dirigeables et de donner en même temps, pour chacun d'eux, la valeur de la force motrice comparée à la surface résistante qui constitue l'obstacle à vaincre, le ballon le plus rapide, toutes choses égales d'ailleurs, étant celui qui possède la plus grande force motrice par unité de surface résistante.

Cette comparaison est faite dans le tableau suivant :

| | DIAMÈTRE. | LONGUEUR. | ALLONGEMENT ou rapport de la longueur au diamètre. | FORCE MOTRICE TOTALE en chevaux. | SECTION TRANSVERSALE, en mètres carrés. | FORCE MOTRICE par 100ᵐ de surface transversale | | |
|---|---|---|---|---|---|---|---|---|
| | | | | | | Absolue en chevaux | rapportée au cas du ballon de | |
| | | | | | | | Dupuy de Lôme. | G. Tissandier. |
| Giffard (1855). | 10ᵐ | 70ᵐ | 7,00 | 3,00 | 78,5 | 3,82 | 10,0 | 1,9 |
| Dupuy de Lôme (1872). | 14,84 | 36,12 | 2,43 | 0,65 | 172,0 | 0,38 | 1,0 | 0,19 |
| G. Tissandier (1883). | 9,20 | 28 » | 3,04 | 1,33 | 66,5 | 2,00 | 5,3 | 1,0 |
| Chalais, Ballon « la France » (1884). | 8,40 | 50,40 | 6,00 | 9,00 | 55,4 | 16,25 | 42,7 | 8,1 |

mot un véritable navire, se déplaçant en bloc dans l'air comme un tout solide et obéissant immédiatement aux moindres indications de son gouvernail.

*Expériences exécutées avec le ballon de Meudon.* — J'arrive aux expériences exécutées en 1884 et en 1885 avec cet appareil.

La première eut lieu le 9 août 1884, par un temps très calme. Le ballon n'emportait que deux aéronautes, le capitaine Krebs et moi. Nous avions peu d'ambition et nous voulions seulement faire une excursion fermée de quelques kilomètres.

Bien que nous n'ayons pas osé employer ce jour là toute notre force motrice, le résultat dépassa nos espérances.

Dès que nous eûmes atteint la hauteur des plateaux boisés qui environnent le vallon de Chalais, nous mîmes l'hélice en mouvement et nous eûmes la satisfaction de voir le ballon obéir immédiatement et suivre facilement toutes les indications du gouvernail. Nous sentîmes que nous étions absolument maîtres de notre direction, et que nous pouvions parcourir l'atmosphère dans tous les sens aussi facilement qu'un canot à vapeur peut évoluer sur l'eau calme d'un lac. Néanmoins nous avions hâte de rentrer au port. Il nous semblait si extraordinaire de nous diriger librement dans l'air que nous craignions de nous faire illusion et que nous éprouvions le besoin de nous donner à nous-mêmes la démonstration pratique que nous avions préparée pour les autres.

Aussi, après avoir atteint Villacoublay, effectuâmes-nous notre virage et dirigeâmes-nous notre cap sur cette pelouse de départ sur laquelle nous voulions redescendre, malgré les écueils dont elle est entourée. (¹)

(¹) Cette pelouse de 75ᵐ sur 150ᵐ environ est environnée d'arbres, de bâtiments élevés et bordée d'un côté par un étang de 3 hectares.

rigé vers Boulogne. Après avoir traversé la Seine au pont de Billancourt, il fut ramené facilement à Chalais comme la première fois. Pendant ce voyage, la vitesse atteinte fut égale à 6$^m$ par seconde.

Dans l'après midi, le ballon fit une nouvelle sortie, mais le brouillard nous empêcha de nous éloigner de Chalais et nous nous contentâmes d'évoluer autour du parc sans le perdre de vue. L'atterrissage se fit, comme les premières fois, sur la pelouse des départs.

Pendant ces diverses ascensions, le ballon fut constamment monté par les mêmes aéronautes, le capitaine Krebs et moi ; notre attention était continuellement absorbée par les manœuvres et nous ne pûmes pas exécuter de mesures précises de vitesse. Nous nous contentâmes de compter les tours d'hélice et de mesurer les intensités et les tensions des courants employés à produire la force. Ces chiffres me permirent plus tard de calculer assez exactement nos vitesses par comparaison avec celles que j'ai pu mesurer en 1885.

A la suite de ces premiers essais, je sentis le besoin d'emporter un aéronaute de plus, afin d'exécuter plus facilement les mesures ; je modifiai pour alléger le ballon diverses parties de l'appareil et j'installai dans la nacelle un moteur de M. Gramme très léger et très robuste, construit pour nous par l'éminent ingénieur électricien et qui fut soumis à des épreuves à outrance pendant plusieurs semaines. Les essais furent repris au mois d'août et septembre 1885.

Le 25 août, on essaya la machine dans une première sortie où le vent trop rapide empêcha le retour à Chalais. Malgré cet échec apparent, l'expérience du 25 août fut très utile et montra l'efficacité du nouveau mécanisme moteur qui fonctionna avec la plus grande régularité.

En somme, notre aérostat, qui n'était qu'un appareil de démonstration, nous a permis d'atteindre le but que nous nous étions proposé. Cinq fois sur sept il est revenu à son point de départ, atteignant le 22 et le 23 septembre une vitesse propre de $6^m,50$ par seconde ou de $23^{km},400$ à l'heure [1], vitesse sensiblement double de celles qu'on avait réalisées avant nous et correspondant à une force motrice huit fois plus grande à égalité de surface résistante.

Telle est la mesure du progrès que nous avons pu réaliser ; il suffit maintenant de faire un nouveau pas en avant, de doubler encore une fois cette vitesse de $6^m,50$ pour avoir résolu complètement le problème de la navigation aérienne par ballon. C'est l'œuvre que nous poursuivons aujourd'hui et qui, selon toutes les vraisemblances, sera très prochainement accomplie.

. Avant de terminer cette conférence, je tiens à dire quelques mots des appareils de vol mécanique, désignés souvent sous le nom d'appareils *plus lourds que l'air*, et dont on a longtemps attendu la solution du problème de la navigation aérienne.

Frappés de la simplicité apparente du merveilleux appareil de locomotion des oiseaux et des insectes, les partisans exclusifs *du plus lourd que l'air* ont sans cesse déclaré qu'il fallait chercher à imiter le vol naturel et renoncer à diriger les ballons que leur volume énorme et leur fragilité semblaient condamner à jouer éternellement le rôle de bouée inerte. Nous venons de voir que cette opinion est trop absolue, mais nous nous garderons

---

[1] Dans la note communiquée à l'Académie le 23 novembre 1885, je n'avais indiqué qu'une vitesse de $6^m,22$ pour l'ascension du 23 septembre ; mais j'avais négligé dans le calcul l'*inertie du loch*. En en tenant compte, on arrive au chiffre de $6^m,50$ que nous donnons ici.

e nationale de France
2001

*Le Theule* - *Sablé sur Sarthe*

7

4   5   6   7   8   9   10